科技惠农一号工程

现代农业关键创新技术丛书

黄瓜病虫害防治

李金堂　主编

山东科学技术出版社

U0284384

主　编　李金堂

副主编　付海滨　张子泉　张军林

主　审　崔效杰

目　录

一、黄瓜侵染性病害

二、黄瓜生理性病害

三、黄瓜害虫

一、黄瓜侵染性病害

1. 黄瓜靶斑病

(1) 病原: *Corynespora cassiicola* (Berk. & Curt.) Wei., 称山扁豆生棒孢, 属半知菌亚门真菌。

(2) 症状: 叶片发病先出现黄褐色小点, 后病斑扩展为近圆形, 有的为多角形或不规则形, 病斑中央颜色较浅呈灰白色, 边缘颜色较深为褐色。病斑整体看上去像是一个靶

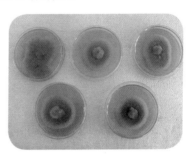

黄瓜靶斑病病原菌菌落形态

子, 有时病斑外有黄色晕圈, 叶背病部着生较多黑色霉层, 叶片正面较少。果实发病, 首先出现许多水浸状黑色或褐色小斑点, 后病斑扩展为灰白色圆形病斑并凹陷。

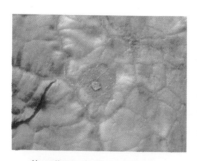

黄瓜靶斑病典型病斑放大

病斑中央颜色常较浅似靶心状

黄瓜靶斑病病斑外有时
有黄绿色晕圈

黄瓜靶斑病病斑数量达数百个

黄瓜靶斑病病原菌分
生孢子形态 1

黄瓜靶斑病病原菌分
生孢子形态 2

黄瓜靶斑病发病初期症状

黄瓜靶斑病发病后期病斑
易融合、破裂

（3）防治方法：

①与非瓜类蔬菜实行 2 年以上轮作，压低病原菌数量。

②加强栽培管理。及时通风，浇水要小水勤灌，避免大水漫灌，降低棚内湿度。

③清除病残株，减少初侵染菌源。

④药剂防治。发病初期可喷洒 30% 苯醚甲·丙环乳油 3 000 倍液、50% 福美双可湿性粉剂 500 倍液、12.5% 烯唑醇可湿性粉剂 5 000 倍液，或 25% 异菌脲悬浮剂 1 000～1 500 倍液，或 70% 甲基硫菌灵可湿性粉剂 1 000 倍液。温室中也可选用 45% 百菌清烟剂熏烟防治，用量为每亩 200～250 克，7～10 天一次。有条件的菜农也可喷撒粉尘剂，既有利于降低棚内湿度，又可较好地防治病害。

2. 黄瓜白粉病

(1)病原: *Sphaerotheca fuliginea* Poll.（单丝白粉菌），*Erysiphe cichoracearum* DC.（二孢白粉菌），均属子囊菌亚门真菌。

(2)症状: 又称"白毛病"，主要危害叶片，病叶表面像撒了层白粉似的，以后变成灰色，后期产生黑色小粒点。

黄瓜白粉病侵染茎蔓

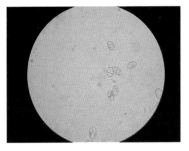

黄瓜白粉病分生孢子形态

黄瓜白粉病叶片背面发病症状

黄瓜白粉病发病初期

黄瓜白粉病发病后期

(3) 防治方法:

①选用耐病品种。

②加强管理。合理密植, 排除积水。及时摘除病叶、老叶, 加强通风透光, 增施磷钾肥, 提高植株抗病力。

③药剂防治。在发病初期及时喷药防治, 每隔 7～10 天一次, 连续防治 2～3 次, 注意交替使用。推荐用 25% 乙嘧酚悬浮剂 1 000 倍液, 或 40% 氟硅唑乳油 4 000 倍液喷雾防治。

3. 黄瓜病毒病

(1) 病原：黄瓜花叶病毒 (Cucumber mosaic virus，CMV)、甜瓜花叶病毒 (Muskmelon mosaic virus，MMV)、烟草花叶病毒 (Tobacco mosaic virus，TMV)、黄瓜绿色斑点花叶病毒 (Cucumber green mottle mosaic virus，CGMMV) 等单独或复合侵染。

(2) 症状：症状主要分为四类：

①花叶型。叶片表现为黄绿相间的花叶，病叶小，皱缩。果实感病后表面出现深浅绿色镶嵌的花斑，凹凸不平或畸形，停止生长。

②皱缩型。新叶沿叶脉出现浓绿色隆起皱纹，叶形变小，出现蕨叶、裂片。果面产生斑驳，或凹凸不平的瘤状物，果实变形。

③绿斑型。新叶产生黄色小斑点，以后变淡黄色斑纹，绿色部分呈隆起瘤状。果实上生浓绿斑和隆起瘤状物，多为畸形瓜。

④黄化型。叶片的叶脉间出现淡黄色褪绿斑，或全叶变鲜黄色，叶片硬化，常向叶片背面卷曲，叶脉多保持绿色。

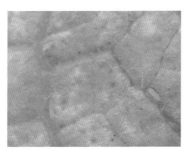

黄瓜病毒病传毒介体蓟马

黄瓜病毒病花叶型 1

黄瓜病毒病花叶型 2

黄瓜病毒病花叶型 3

黄瓜病毒病瓜条表面产生
瘤状突起

黄瓜病毒病瓜条表面
出现褪绿斑

黄瓜病虫害防治

黄瓜病毒病瓜条变黄

黄瓜病毒病叶脉变黄

黄瓜病毒病皱缩型 1

黄瓜病毒病皱缩型 2

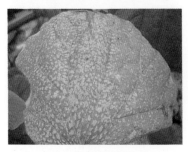

黄瓜病毒病绿斑型

黄瓜病毒病黄化型初期

黄瓜病毒病黄化型中期

黄瓜病毒病黄化型后期

黄瓜病毒病叶片丛生

(3) 防治方法：

①选用抗病品种。这是最经济、有效防治病毒病的措施。

②避免种子种苗带毒。

③防治蚜虫。可采用银灰色膜驱蚜、黄板诱蚜和喷药杀蚜等方法。

④药剂防治。常用药剂为 20% 盐酸吗啉胍铜可湿性粉剂 500 倍液，或 4% 宁南霉素水剂 500 倍液，或 10% 混合脂肪酸水乳剂 100 倍液等。药剂可在定植前后喷洒 3～4 次，收获前 7 天停药。

黄瓜病虫害防治

4. 黄瓜长孺孢圆叶枯病

(1) 病原: *Helminthosporium cucumerinum* Garbowski,
称黄瓜叶枯菌,属半知菌亚门真菌。

(2) 症状: 主要危害
叶片。叶片先出现近圆
形绿色病斑,水渍状,
病斑后期变为黄色或褐
色,病健交界处不明显,
黄晕有或无。

(3) 防治方法:

①农业防治。与非瓜

黄瓜长蠕孢圆叶枯病

类蔬菜实行 2 年以上的轮作。采收后清除田间病残体。
施入的有机肥要充分腐熟。禁止大水漫灌,雨后及时
排水,通风透光,降低湿度。

②药剂防治。发病初期喷 75% 百菌清可湿性粉剂
600 倍液,或 6% 氯苯嘧啶醇可湿性粉剂 1 500 倍液,
或 78% 代森锰锌·波尔多液可湿性粉剂 800 倍液,或
50% 苯菌灵可湿性粉剂 1 500 倍液,或 40% 多·硫悬
浮剂 500 倍液。每隔 10 天喷一次,连续 2~3 次。温
室中也可用百菌清烟剂熏治。采收前 7 天停止用药。

5. 黄瓜 . 病

(1) 病原：*Pythium aphanidermatum*(Eds.) Fitzp.，称瓜果腐霉，属鞭毛菌亚门真菌。

(2) 症状：主要危害苗期黄瓜，尤其是 2 片子叶期的幼苗最易感病。幼苗茎基部首先出现似开水烫过的不规则病斑，后变软缢缩，幼苗倒地，湿度大时出现白色棉絮状物。猝倒病的发病时间较集中，且发病蔓延速度快，与立枯病不同。

黄瓜猝倒病植株

(3) 防治方法：

①进行土壤和种子消毒。

②加强通风，降低棚内湿度，同时应设法提高棚内温度。

③药剂防治。发病后可喷洒 3% 恶霉·甲霜水剂 500 倍液，或 30% 恶霉灵可湿性粉剂 800 倍液，或 64% 霜·锰锌可湿性粉剂 600 ~ 800 倍液，或 68% 精甲霜·锰锌水分散剂 600 ~ 800 倍液，或 5% 井冈霉素水剂 1 500 倍液。土壤较为干燥时，也可用上述药剂灌根治疗。

6. 黄瓜黑星病

(1)病原：*Cladosporium cucumerinum* Ell. et Arthur，称瓜枝孢，属半知菌亚门真菌。

(2)症状：又称"疮痂病"，病害危害黄瓜的多个部位。叶片感病后出现褪绿色小斑点，后病斑扩大并破裂穿孔，呈圆形或星状开裂。茎感病后病斑多为椭圆形褪绿斑，后期病斑凹陷龟裂，湿度大时出现灰色霉层。瓜条感病后出现水渍状小斑点，病斑扩展后凹陷龟裂呈疮痂状，病部溢出乳白色胶状物，后变黄褐色颗粒状。

黄瓜黑星病叶缘皱缩

黄瓜黑星病侵染幼苗典型症状

黄瓜黑星病侵染幼苗叶片
背面症状

黄瓜黑星病病斑破裂穿孔

黄瓜黑星病病斑湿度大时出现
灰黑色霉层及琥珀色胶状物

黄瓜黑星病病斑外常具黄色晕圈

黄瓜黑星病侵染瓜须后坏死

黄瓜黑星病侵染茎蔓出现
琥珀色黏稠物

黄瓜黑星病侵染茎蔓初期症状

黄瓜黑星病侵染茎蔓中期症状

黄瓜黑星病侵染茎蔓后期
开裂并出现黑色霉层

黄瓜黑星病侵染幼瓜症状

黄瓜黑星病侵染花后引起
瓜条发病症状

黄瓜黑星病瓜条发病出现
红褐色黏稠物

黄瓜黑星病侵染瓜条形成
的近圆形凹陷斑

黄瓜黑星病瓜条发病出现
琥珀色黏稠物

黄瓜黑星病侵染瓜条
使瓜条弯曲

黄瓜黑星病瓜条病斑星状开裂

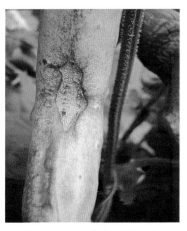

黄瓜黑星病治愈后的病斑

（3）防治方法：

①加强检疫。不从病区引种。

②种子消毒。应从无病留种株上采收种子。引进的种子在播前要做好种子消毒处理。可用 2.5% 咯菌腈悬浮种衣剂，使用浓度为 10 毫升加水 150～200 毫升，混匀后拌种 5～10 千克，包衣后播种。也可用 50% 多菌灵可湿性粉剂拌种，用量为种子重量的 0.3%。

③轮作。发病严重地块应与非葫芦科作物轮作2～3 年。

④加强田间管理。因黑星病为低温高湿病害，保护地栽培时可采用生态防治方法，开棚放风排湿，控制浇水量和次数，降低相对湿度，控制棚内温度在30～35℃，使温湿度达到有利于黄瓜生长而不利于病菌生长的环境条件。

⑤药剂防治。发病前可用 10% 百菌清烟剂预防，每亩用药剂 250～300 克。发病后应及时拔除病株并喷药防治，可用 40% 氟硅唑乳油 3000 倍液，或 40% 腈菌唑可湿性粉剂 4 000 倍液，或 25% 咪鲜胺乳油 1 000 倍液，或 50% 多菌灵磺酸盐可湿性粉剂 600 倍液等喷雾，每 7 天一次，连续防治 3～4 次。

7. 黄瓜花腐病

(1) 病原：*Choanephora cucurbitarum* (Berk. et Rav.) Thaxt，称瓜笄霉，属接合菌亚门真菌。

(2) 症状：主要危害花，多从花蒂部侵染，向上蔓延到幼瓜。花变水渍状褐色腐烂。幼瓜多从顶部发病，呈水浸状，后向上发展并逐渐褐变，湿度大时可见稀疏白色毛状物，有时可见黑色头状物（孢子囊梗及孢子囊）。湿度低时常引起果实变褐。

黄瓜花腐病病花

(3) 防治方法：

①加强棚室温湿度管理。注意通风排湿，严禁大水漫灌。

②及时摘除残存花瓣和病瓜并深埋。

③药剂防治。花期和幼瓜期适时喷洒69%锰锌·烯酰水分散粒剂600倍液，或60%多菌灵盐酸盐可溶性粉剂800倍液，或50%甲基硫菌灵可湿性粉剂800倍液等。

8. 黄瓜灰霉病

(1) 病原：*Botrytis cinerea* Pers.，称灰葡萄孢，属半知菌亚门真菌。

(2) 症状：危害果实多从开败的雌花处开始发病，花瓣和蒂部呈水浸状、变软腐烂，后出现灰色霉层，并向瓜条蔓延。叶片发病首先出现水浸状病斑，后病斑逐步扩展，病斑变薄，轮纹较明显，后期病斑常破裂穿孔并出现灰色霉层。

黄瓜苗灰霉病

黄瓜灰霉病"V"形病斑

黄瓜灰霉病病斑具明显轮纹

黄瓜灰霉病近圆形病斑

黄瓜灰霉病病花　　　　　　黄瓜灰霉病病瓜

（3）防治方法：

①生态防治。大棚、温室采用降低白天温度、提高夜间温度、增加白天通风时间等措施，降低棚内湿度和结露时间，达到控制病害的目的。

②农业防治。合理控制浇水量，不宜一次浇水过多，以防湿度过大。及时摘除病叶，带到棚外集中烧掉或深埋。也可通过高温闷棚（维持 40℃ 左右 2 小时）的方法抑制病情发展。

③药剂防治。定植开始发现零星病叶即喷洒 50% 腐霉利可湿性粉剂 1 000 倍液，或 40% 菌核净可湿性粉剂 800 倍液，或 50% 多·霉威可湿性粉剂 800 倍液，或 50% 异菌脲可湿性粉剂 1 000 倍液，或 25% 啶菌恶唑乳油 1 000 倍液。隔 7 ~ 10 天喷药一次，连续喷 3 ~ 4 次。温室中也可用 20% 噻菌灵烟剂 0.3 ~ 0.5 千克 / 亩熏烟，防治效果更理想。

9. 黄瓜菌核病

(1) 病原：*Sclerotinia sclerotiorum* (Lib.) De Bary，称核盘菌，属子囊菌亚门真菌。

(2) 症状：叶片、瓜条、茎均可感病。叶片发病出现水浸状褐色病斑并迅速软腐。瓜条发病后初为水浸状腐烂，颜色多变为黄褐色，表面密生白色菌丝，后期可形成鼠粪状黑色菌核。茎感病后先出现褐色水浸状斑，后病斑扩大、病茎软腐，茎表面亦密生白色菌丝，最后茎变干枯（有的纵裂），茎内部（较多）或表面（少数）出现菌核，病茎以上的茎蔓叶片枯死。

黄瓜菌核病危害茎蔓初期　　黄瓜菌核病危害茎蔓后期

黄瓜菌核病病瓜落到叶片上

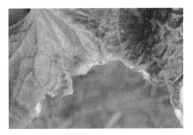

黄瓜菌核病病叶正面症状

黄瓜菌核病瓜条发病症状

黄瓜菌核病危害瓜条

（3）防治方法：

①农业防治。提倡水旱轮作或与非瓜类蔬菜轮作，以减少菌核存活率。

②种子和土壤消毒。种子消毒可采用温汤浸种，土壤消毒可用40%五氯硝基苯粉剂配成药土，每亩用药1千克，加细土15~20千克，施药土后播种。

③药剂防治。发病后可每亩用45%百菌清250克，或5%百菌清粉尘剂1 000克防治，一般7天一次。还可选用25%啶菌恶唑乳油1 000倍液，或50%腐霉利可湿性粉剂1 000倍液，或40%嘧霉胺悬浮剂800倍液，或50%异菌脲可湿性粉剂1 500倍液等喷雾防治。

10. 黄瓜枯萎病

(1) 病原：*Fusarium oxysporum* (Schl.) F. sp. *cucumerinum* Owen.，称尖镰孢菌黄瓜专化型，属半知菌亚门真菌。

(2) 症状：为土壤传播的系统性病害。发病初期，植株中下部叶片在中午前后萎蔫，早、晚尚可恢复，后期萎蔫加重，整株叶片变黄枯死，但一般不脱落。有的仅植株一侧叶片发病，另一侧正常。高湿时茎基部出现红色、白色或绿色霉状物，维管束变为褐色，这一特点可与疫病、蔓枯病、菌核病等其他萎蔫性病害相区别。

黄瓜枯萎病田间症状

镰刀菌大型分生孢子

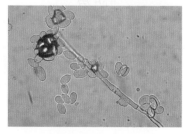

镰刀菌小型分生孢子常聚生

黄瓜枯萎病根茎部症状　　　　黄瓜枯萎病维管束变褐

（3）防治方法：

①选用抗病品种。如长春密刺、津杂系列等。

②种子消毒。可用温汤浸种（52℃浸种30分钟），也可用种子重量0.3%的75%百菌清可湿性粉剂拌种。

③苗床消毒。

④嫁接防病。用黑籽南瓜作砧木嫁接，是多年重茬老棚黄瓜防治枯萎病的有效方法。

⑤加强栽培管理。培土不可埋过嫁接切口，栽前多施基肥，收瓜后应适当增加浇水，成瓜期多浇水，保持旺盛的长势。

⑥药剂防治。黄瓜发病初期或发病前可用5%丙烯酸·恶霉·甲霜水剂1 000倍液、30%恶霉灵水剂1 000倍液、50%肿·锌·福美双600倍液、70%敌磺钠可溶性粉剂1 000~1 500倍液等药剂灌根，一般5~7天灌一次。

11. 黄瓜立枯病

(1) 病原: *Rhizoctonia solani* Kühn，称立枯丝核菌，属半知菌亚门真菌。

(2) 症状: 主要危害苗期黄瓜，但发病时间不像猝倒病那样集中，幼苗受害后首先在茎基部出现椭圆形或不规则形病斑，病斑浅褐色，幼苗发病后容易白天萎蔫，晚上恢复。后病斑凹陷，并绕茎一圈，茎基部干缩，幼苗干枯死亡，但不折倒。湿度大时病斑出现淡褐色蜘蛛网状的菌丝。

黄瓜立枯病

(3) 防治方法:

①在播种前，可用五氯硝基苯等消毒剂进行土壤消毒。

②发病后喷洒 2.5% 咯菌腈悬浮剂 1 500 倍液、60% 多菌灵盐酸盐可湿性粉剂 1 000 倍液、20% 甲基立枯磷乳油 1 200 倍液，或 72.2% 霜霉威盐酸盐水剂 400 倍液。

12. 黄瓜煤污病

(1) 病原：*Meliola* spp.，小煤炱属真菌，属子囊菌亚门真菌。

(2) 症状：主要危害叶片及果实，发病处着生灰褐色或灰黑色煤污菌菌落。

黄瓜煤污病病茎

(3) 防治方法：

①加强栽培管理。合理密植，降低棚内湿度，提高大棚透光性。

②防治蚜虫、温室白粉虱等可分泌蜜露、导致煤污菌滋生的害虫。

③药剂防治。发病后及时喷洒50%苯菌灵可湿性粉剂1 000倍液，或75%百菌清可湿性粉剂600倍液，7天左右喷药一次。

13. 黄瓜蔓枯病

(1) 病原：*Ascochyta citrullium* Smith，称西瓜壳二孢，属半知菌亚门真菌。

(2) 症状：主要危害叶片和茎蔓。叶片发病，病斑多沿叶片边缘呈"V"形或半圆形发展。从叶片内部发病，病斑多呈近圆形，黄褐色至褐色，后期易破裂，并出现许多小黑点（生长前期为分生孢子器，生长后期为子囊壳）。茎蔓被害出现椭圆形或梭形病斑，白色

黄瓜蔓枯病危害茎蔓症状

至黄褐色，病斑常开裂，病害严重时茎节变为黑色或褐色并折断。潮湿时可分泌雄黄色胶状黏液，干燥时病部黄褐色至红褐色，干缩纵裂呈乱麻状，表面散生许多小黑点，严重时茎蔓腐烂、死亡。

本病有时与枯萎病不易区分，在实际病害诊断中可割断茎蔓观察维管束是否变为褐色，若变为褐色则为枯萎病，若不变色则为蔓枯病。

黄瓜苗蔓枯病半圆形病斑

黄瓜苗蔓枯病长条形病斑

黄瓜蔓枯病近圆形病斑

黄瓜蔓枯病出现小黑点（子囊壳）

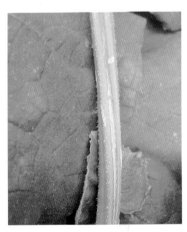

黄瓜蔓枯病危害茎蔓出现
琥珀色黏稠物

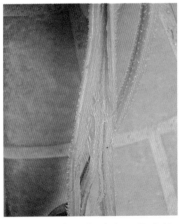

黄瓜蔓枯病后期并发细菌症状

黄
瓜
病
虫
害
防
治

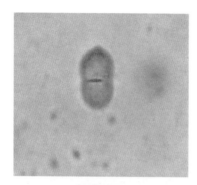

子囊孢子

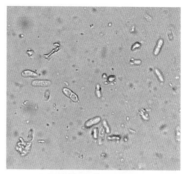

病原菌分生孢子

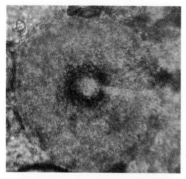

黄瓜蔓枯病病菌分生孢子器

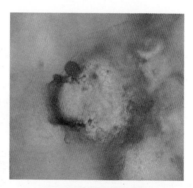

黄瓜蔓枯病菌子囊壳

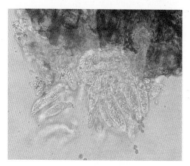

病原菌的子囊

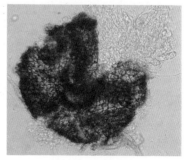

子囊壳释放子囊

(3) 防治方法：

①与非瓜类蔬菜实行 2 年以上轮作。

②从无病株留种或进行种子消毒。可采用温汤浸种，一般为 52℃浸种 30 分钟。也可用种子重量 0.3% 的百菌清可湿性粉剂拌种。

③加强大棚温湿度的调控，创造高温、低湿的生态环境条件，控制蔓枯病的发生与发展。温室内夜间空气相对湿度相对较高，一般在 90% 以上，早上拉起草帘后，要尽快打开通风口，通风排湿，降低棚内湿度，并以较低温度控制病害发展。9 点后室内温度上升较快时，关闭通风口，使温度快速提升至 33℃，并要尽力维持在 33～35℃，以高温度和低湿度控制病害发展。下午 4 点后逐渐加大通风口，加速排湿。覆盖草帘前，只要室温不低于 16℃就要尽量加大风口；若温度低于 16℃，须及时关闭风口进行保温。

④药剂防治。发病前可每 10～15 天喷洒一次 1∶0.7∶200 倍波尔多液进行保护。发病后可喷洒 50% 咪鲜胺锰盐可湿性粉剂 1 500 倍液，或 25% 嘧菌酯悬浮剂 1 500 倍液，或 47% 春雷·王铜可湿性粉剂 600 倍液，或 10% 苯醚甲环唑水分散粒剂 1 500 倍液等进行防治。大棚温室也可用 30% 百菌清烟剂每亩用量 250 克熏烟，7～10 天施药一次，连续防治 2～3 次。

14. 黄瓜霜霉病

(1)病原：*Pseudoperonospora cubensis*(Berk. et Curt.) Rostov.，称古巴假霜霉，属鞭毛菌亚门真菌。

(2)症状：又称黑毛、跑马干，主要危害叶片，叶片正面出现褪绿的不规则形病斑，湿度大时叶片背面出现黑色霉状物。

病原菌孢子囊梗及孢子囊

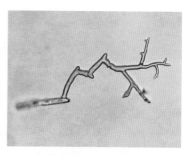

病原菌的孢子囊梗

黄瓜苗霜霉病叶片正面

黄瓜苗霜霉病叶片背面

黄瓜霜霉病苗期非典型症状 1　　黄瓜霜霉病苗期非典型症状 2

黄瓜霜霉病苗期非典型症状 3

黄瓜霜霉病典型症状 1　　　　黄瓜霜霉病典型症状 2

黄
瓜
病
虫
害
防
治

黄瓜霜霉病田间症状

黄瓜霜霉病后期症状

黄瓜霜霉病叶片背
面产生黑色霉状物

(3) 防治方法：

①选用抗病品种。如冀杂一号、津杂 1 号等。

②加强栽培管理。注意轮作换茬，控制浇水，降低棚内湿度，并增施磷、钾、钙肥。

③高温闷棚。晴天中午可密闭大棚，使棚内温度升至 44～46℃，保持 2 小时左右，隔 3～5 天再重复一次，可有效抑制病害发展。

④药剂防治。保护地棚室提倡使用烟剂熏蒸和粉尘药剂防治。烟雾法，发病前或发病初期每亩用 45% 的百菌清烟剂 220 克，均匀放在垄沟内，将棚密闭，点燃烟熏。熏一夜，次晨通风，隔 7 天熏一次，可单独使用，也可与粉尘法、喷雾法交替轮换使用。发现中心病株后，选用 70% 的乙磷·锰锌可湿性粉剂 500倍液、72% 的霜脲·锰锌可湿性粉剂 800 倍液，或72.2% 的霜霉威盐酸盐水剂 800 倍液喷雾，7～10 天一次。

15. 黄瓜炭疽病

(1) 病原：*Colletotrichum orbiculare* (Berk. & Mont.) Arx.，称瓜类刺盘孢，属半知菌亚门真菌。

(2) 症状：主要危害叶片及瓜条。叶片发病先出现水浸状小点，后扩大为淡褐色近圆形或不规则形病斑，部分叶片病斑外具黄色晕圈，湿度低时病斑中部易破裂穿孔，后期病斑上出现许多小黑点，湿度大时有红色黏稠物溢出。瓜条发病形成圆形凹陷病斑，褐色或黑色，后期也出现许多小黑点。

黄瓜苗炭疽病

黄瓜炭疽病危害茎蔓

黄瓜炭疽病叶片发病症状

（3）防治方法：

①选用抗病品种。如中农2号、津杂1号等。

②种子消毒。

③加强栽培管理。控制氮肥用量，增施磷钾肥，喷施叶面肥，并注意控制棚内湿度。也可采用高温闷棚的方法降低病原菌数量。

④药剂防治。可用40%多·福·溴菌可湿性粉剂500倍液，或50%咪鲜胺可湿性粉剂1 500倍液，或50%苯菌灵可湿性粉剂1 500倍液，或80%福·福锌可湿性粉剂800倍液等喷雾，7～10天喷一次。

16. 黄瓜细菌性角斑病

(1) 病原：*Pseudomonas syringae* pv. *lachrymans* (Smith et Bryan) Young，Dye & Wilkie.，称丁香假单胞杆菌流泪致病变种，属细菌。

(2) 症状：叶片发病后出现水浸状稍凹陷的小斑，后病斑扩展为褐色多角形病斑，湿度大时叶片背面病斑出现白色菌脓，无黑色霉状物。瓜条受害先出现水浸状小斑点，后病斑扩展为不规则形，有的病斑连成一片，湿度大时也有菌脓溢出。

本病与霜霉病常易混淆，不同之处是细菌性角斑病病斑较小，后期易穿孔；叶背病部无黑色霉状物。

黄瓜细菌性角斑病喷菌现象

黄瓜细菌性角斑病的
多角形病斑

黄瓜细菌性角斑病典型症状

黄瓜细菌性角斑病多从下部
叶片开始发病

黄瓜细菌性角斑病病斑
背面溢出菌脓

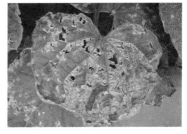

黄瓜细菌性角斑病后期

(3) 防治方法：

①选用抗病品种。

②种子消毒。

③浇水一次不可过多，以降低田间湿度，农事操作应避免造成伤口。

④药剂防治。发现病叶要及时摘除，而后喷施3%中生菌素可湿性粉剂1 000倍液、30%壬菌铜微乳剂400倍液、77%氢氧化铜可湿性粉剂400倍液、72%农用链霉素可溶性粉剂3 000倍液，或90%链·土可溶性粉剂4 000倍液等。

17. 黄瓜细菌性软腐病

(1) 病原：*Erwinia carotovora* subsp. *carotovora* (Jones) Bergey et al，称胡萝卜软腐欧文氏菌胡萝卜软腐致病变种，属细菌。

(2) 症状：主要危害瓜条，初现水渍状深绿色斑，病斑周围有水渍状晕环，扩大后稍凹陷，病部发软，逐渐转为褐色，内部软腐，表皮破裂崩溃，从病部向内腐烂，散发出恶臭味。

黄瓜细菌性软腐病

(3) 防治方法：

①种子消毒。45℃恒温水浸种 15 分钟，或用种子重量 0.3% 的 70% 敌磺钠原粉拌种。

②加强肥水管理。避免大水漫灌或浇灌过勤，雨后及时清沟排渍降湿；适当增施磷钾肥，勿过施偏施氮肥，并注意适时喷施叶面肥。

③药剂防治。发病初期，可选用 72% 农用硫酸链霉素可溶性粉剂 4 000 倍液，或 50% 琥胶肥酸铜可湿性粉剂 500 倍液，或 50% 氯溴异氰尿酸可溶性粉剂 1 200 倍液等药剂喷雾防治。

18. 黄瓜细菌性叶枯病

(1) 病原：*Xanthomonas campestris* pv. *cucubitae* (Bryan) Dye，称野油菜黄单胞菌黄瓜叶斑病致病变种，属细菌。

(2) 症状：主要危害叶片，叶片初现褪绿的小斑点，扩展后多为圆形，有的为多角形，周围多具褪绿晕圈。

(3) 防治方法：参见黄瓜细菌性角斑病。

黄瓜细菌性叶枯病对光看
病斑呈透明状

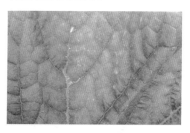

黄瓜细菌性叶枯病初期症状

黄瓜细菌性叶枯病初期
叶片背面症状

黄瓜细菌性叶枯病中期
叶片背面症状

19. 黄瓜细菌性圆斑病

(1) 病原：*Xanthomonas campestris* pv. *cucubitae* (Bryan) Dye，称野油菜黄单胞菌黄瓜叶斑病致病变种，属细菌。

(2) 症状：叶片发病重，病斑近圆形透明状，后期病斑易穿孔，背面出现白色菌脓。

(3) 防治方法：参见黄瓜细菌性缘枯病。

黄瓜细菌性圆斑病大型病斑

黄瓜细菌性圆斑病病斑破裂穿孔

黄瓜细菌性圆斑病病斑
背面出现菌脓1

黄瓜细菌性圆斑病病斑
背面出现菌脓2

20. 黄瓜细菌性缘枯病

(1) 病 原：*Pseudomonas marginalis* pv. *marginalis* (Brown) Stevens，称边缘假单胞菌边缘假单胞致病型，属细菌。

(2)症状：病原菌多从水孔侵入，下部叶片多先发病，叶缘出现水浸状小斑点，后扩展为灰白色或淡褐色不规则病斑，病斑外常有晕圈，从叶缘发病的病斑常呈"V"形。也有的病斑从叶片内部发病，近圆形或不规则形，病斑边缘有时有菌脓溢出。

黄瓜细菌性缘枯病典型症状

黄瓜细菌性缘枯病病健交界处有菌脓溢出

黄瓜细菌性缘枯病危害幼苗初期症状

黄瓜细菌性缘枯病湿度低
时病斑呈薄纸状

黄瓜细菌性缘枯病后期症状

(3) 防治方法:

①农业防治。收获后及时清除病残体,选无病瓜留种。与非瓜类作物实行 2 年以上轮作。

②种子消毒。种子可用 55℃温水浸种 15 分钟。

③药剂防治。发病初期喷施 72% 霜脲氰·代森锰锌可湿性粉剂 600 倍液,或 23% 氢铜·霜脲可湿性粉剂 800 倍液,或 3% 中生菌素可湿性粉剂 800 倍液,叶面喷雾。每隔 7 天喷一次,连喷 3 ~ 4 次。

21. 黄瓜疫霉根腐病

(1) 病原：*Phytophthora drechsleri* Tucker，称掘氏疫霉，属鞭毛菌亚门真菌。

(2) 症状：主要危害根部。根部出现水渍状褐变，茎基部缢缩，叶片出现水渍状褐变，维管束一般不变色。地上部出现萎蔫症状，严重时植株枯死。

(3) 防治方法：参见黄瓜猝倒病。

黄瓜疫霉根腐病后期植株枯死　　黄瓜疫霉根腐病病叶

二、黄瓜生理性病害

1. 黄瓜矮壮素药害

(1) 病因：矮壮素使用过多或浓度过大。

(2) 症状：叶片多由叶缘开始出现褪绿斑，后期病斑向叶片内部发展，有的叶片颜色加深，严重者叶脉褪绿。

(3) 防治方法：参见黄瓜多效唑药害。

黄瓜矮壮素药害叶面
凸起且深绿

黄瓜矮壮素药害田间症状

现代农业关键创新技术丛书

黄瓜病虫害防治

黄瓜矮壮素药害初期症状

黄瓜矮壮素药害严重时
叶脉褪绿

黄瓜矮壮素药害多从边缘开始

46

2. 黄瓜氨气危害

(1) 病因：大棚中施用碳酸氢铵、氨水、人粪尿、未腐熟的鸡粪等可分解产生氨气并从土壤中逸出，当氨气浓度达到 5 毫克 / 升时，植株即会受害。

(2) 症状：多数从叶片边缘开始表现症状，在大叶脉间形成病斑，病斑黄白色，边缘颜色略深，病健部界限明显。发病速度较快时，叶片呈绿色枯焦状。也有的在叶片间形成许多白纸状小病斑。

黄瓜氨气危害田间症状

黄瓜氨气危害严重时症状

(3) 防治方法：

①合理控制氮肥施用量，有机肥要充分腐熟，并应深施，与土壤混匀。施用化肥不要过于集中，要深施，施后覆土踏实。

②出现症状后要及时通风换气，浇水缓解；发病重的叶片应及时摘除，并喷洒 0.136% 赤·吲乙·芸可湿性粉剂 5 000 倍液加以缓解。

3. 黄瓜低温高湿综合征

(1) 病因：温室保温透光性较差，易造成温室较长时间内低温高湿。

(2) 症状：引起黄瓜叶片边缘或全叶变黄，叶片下垂，叶片出现白色突起小点等，同时还常伴有各种缺素症状的出现。

黄瓜低温高湿综合征叶片出现白色突起小点

黄瓜低温高湿综合征叶脉间黄化

黄瓜低温高湿综合征叶片下垂

(3) 防治方法：

①建设高标准、高质量温室，提高保温及透光效果。

②加强管理。冬天及时采取加温措施，合理通风，降低湿度。

4. 黄瓜多效唑药害

(1) 病因：多效唑使用过多或浓度过大。

(2) 症状：植株节间缩短，叶片出现褪绿斑。

黄瓜多效唑药害出现褪绿斑

黄瓜多效唑药害节间缩短

(3) 防治方法：

①要按照药剂规定用药。一般生长势较强的品种需多用药，生长势较弱的品种则少用。另外，温度高时多施药，反之少施。

②药害发生后，喷施赤霉素、芸薹素内酯或喷施100倍的白糖溶液，可以较快地消除药害。

5. 黄瓜褐色小斑病

(1) 病因：此病主要由低温多肥引起，尤其当温室内气温在10℃以下、湿度大、光照不足时易发生。

(2) 症状：主要在叶片上表现症状，沿叶脉出现褪绿的白褐色小斑点，后病斑扩展连接成沿叶脉的褐色条斑。

黄瓜褐色小斑病叶脉及　　　黄瓜褐色小斑病叶片正面症状
　　附近变为褐色

(3) 防治方法：

①建造保温性能良好的温室，预防病害发生。

②注意夜间温度管理，尽量避免气温、地温降得太低。

③冬季栽培要少浇水，以防天冷时浇水伤根，导致发病。

④增施农家肥并要深施，以促进根系的发育。

6. 黄瓜化瓜

(1) 病因：主要因养分不足、低温弱光或营养生长过旺而生殖生长不足造成。

(2) 症状：又称"流产果"。黄瓜雌花未开放或开放后子房不膨大，黄瓜不能正常发育，而是逐渐萎缩、黄化、脱落。

黄瓜化瓜 1

黄瓜化瓜 2

黄瓜化瓜 3

黄瓜化瓜 4

黄瓜病虫害防治

(3) 防治方法:

①种植化瓜率低的品种。

②多施有机肥作底肥, 保证黄瓜生长发育所需营养, 并深耕使根系发达。

③应及时采收下部黄瓜, 避免与上部黄瓜争夺养分, 引起上部瓜化瓜。

④喷施 1.4% 复硝酚钠水剂 5 000 ~ 6 000 倍液等调节植株生长。

⑤增强光照, 以保证黄瓜光合作用所需光照。即使遇到阴雨天, 中午温度不太低时也应揭帘进光。

⑥加强温度调控。白天温度应控制在 23 ~ 25℃, 夜间温度保持在 10 ~ 12℃, 不宜过高, 以免消耗过多养分。

7. 黄瓜鸡粪危害

(1) 病因：黄瓜前期施用鸡粪过多或施用未腐熟的鸡粪所致。

(2) 症状：黄瓜叶片边缘或内部出现黄白色小点或枯斑，叶片颜色浓绿，多向上卷曲。

黄瓜鸡粪危害病情继续发展

黄瓜鸡粪危害初期

黄瓜鸡粪危害中期

黄瓜鸡粪危害严重时幼苗死亡

(3) 防治方法：

①施用的鸡粪应充分腐熟，一次不宜施用过多。

②出现症状后应立即浇水，并提高温度促进植株生长。

8.黄瓜畸形瓜

(1) 病因：黄瓜畸形瓜常见的有尖嘴瓜、大肚瓜、弯曲瓜及蜂腰瓜。发病原因如下：

①尖嘴瓜。因雌花没有受精，导致果实中不能形成种子，缺少了促使营养物质向果实运输的源动力，造成黄瓜尖端营养不良，形成尖嘴瓜。

弯曲瓜

②大肚瓜。雌花受精不完全，只在黄瓜顶端形成种子，使顶端比下面部位发育大。另外，偏施氮肥或前期缺水而后期浇水过多，也易产生大肚瓜。

③弯曲瓜。雌花受精不充分，仅一边子房的卵细胞受精，导致果实发育不平衡所致。高温、高湿、缺乏营养及其他不良条件也易形成弯曲瓜。

④蜂腰瓜。发病原因同弯曲瓜。

(2) 症状：主要有尖嘴瓜、大肚瓜、弯曲瓜及蜂腰瓜。

大肚瓜

尖嘴瓜

蜂腰瓜

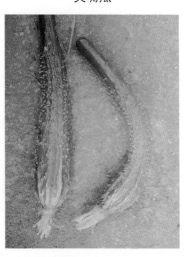

弯曲瓜及大头瓜

(3) 防治方法：

①创造良好的开花授粉条件，避免低温等不良因素影响授粉。

②加强植株营养，特别是坐果期要加大肥水供应，保证有充足的养分积累。

③做好温度、湿度、光照及水分的管理。

④增施二氧化碳气体肥料，增加有机营养的生产与积累。

9. 黄瓜降落伞型叶

(1) 病因：主要由植株缺钙所致。土壤中缺钙或低温影响根系对钙的吸收及高温影响钙在植株体内的正常运转所致。

(2) 症状：叶片边缘下垂，似"降落伞"状，有时叶尖或叶缘黄化。

低温引起的黄瓜降落伞型叶

黄瓜降落伞型叶病叶

黄瓜降落伞型叶病株

(3) 防治方法：

①控制温室内温度，不可使温度过高或过低。

②黄瓜栽培后期温度高时应及时放风，但放风时不能过急。

10. 黄瓜焦边叶

(1) 病因：防治病虫害所用的药剂浓度过高，土壤中盐离子浓度过高易导致焦边叶。

(2) 症状：黄瓜叶片边缘变为黄褐色至褐色，严重时叶缘呈焦枯状。

黄瓜焦边叶 1　　　　　　　黄瓜焦边叶 2

(3) 防治方法：

①科学防治黄瓜病虫害，不得随意增加用药品种或用药浓度。

②增施有机肥，减少化肥施用量。

③土壤中盐离子浓度过高时，可采用灌大水的方法将盐离子冲淋到土壤深层。

11. 黄瓜苦味瓜

(1) 病因：直接原因是苦味素在黄瓜体内积累过多、浓度过高。主要由下列原因引起：偏施氮肥导致黄瓜形成较多苦味素；地温长期低于13℃、干旱或土壤盐溶液浓度过

黄瓜苦味瓜：上面两支黄瓜为苦味瓜，下面一支为正常瓜

高，使根系发育不良，抑制养分和水分的吸收，苦味素易在干燥条件下进入果实；棚室内持续30℃以上高温，使植株同化能力减弱，消耗养分过多；一般叶色深绿的品种易产生苦味。

(2) 症状：多在植株下部出现，顶端常略膨大。

(3) 防治方法：

①采用保温采光性能良好的温室，实行合理稀植。

②配方施肥，不要过量施用氮肥。

③在植株进入衰老期时，要通过降温、控水和使用促根系发生的激素，提高植株活力。

④控制温度不宜过高。进入高温期特别要防止夜间温度过高，浇水不宜过大。

12. 黄瓜锰过剩

(1) 病因：土壤中锰含量过高或喷洒含锰农药过多所致。

(2) 症状：又称褐脉叶，多从下部叶片开始发病，叶片沿叶脉的周围变为褐色，植株生长基本停止。

黄瓜锰过剩病叶

(3) 防治方法：

①合理使用含锰的药剂，不可使用过多。

②通过施用石灰等方法提高土壤的 pH，使土壤呈碱性，以降低锰在土壤当中的溶解度。

③采用高温或药物进行土壤消毒时会增加锰的溶解度。为抑制锰的过量溶解，可在消毒前施用石灰，同时应避免土壤过干或过湿。

13. 黄瓜泡泡病

(1) 病因：主要由低温、弱光引起。黄瓜定植初期温度过低、光照不足，植株生长缓慢，黄瓜生长前期温度高、光照不良，后天气突然转晴，温度上升快，浇大水；或低温天气浇水过少等情况下易发生。此外也与品种抗性有关，对低温、光照少不适应的品种易发生此病。

(2) 症状：叶片出现多个向正面凸起的小泡泡，凹陷处呈白毯状，镜检无病原菌，泡泡顶端开始褪绿，后变黄，最后呈灰黄色。

黄瓜泡泡病正面症状

黄瓜泡泡病背面症状

(3) 防治方法：

①选择耐低温、弱光的黄瓜品种，如长春密刺等。

②加强温湿度管理。越冬茬黄瓜棚内温度应高于15℃。

③加强光照。可通过擦洗棚膜、在大棚后墙增设反光幕或补光灯等措施增强光照。

④喷施0.3%的磷酸二氢钾或芸薹素内酯等植物生长调节剂，增强黄瓜抗性。

14. 黄瓜缺镁

(1) 病因：低温，根系受伤，氮、钾肥偏施过多或土壤中缺镁等因素引起。

(2) 症状：叶脉间出现褪绿现象，有模糊的黄化现象发生，但叶脉多不褪绿。

黄瓜缺镁叶脉间黄化

黄瓜缺镁初期

黄瓜缺镁后期

(3) 防治方法：

①施足有机肥，减少化肥用量。

②提高地温。

③应急时可喷洒 1% ~ 2% 硫酸镁水溶液或含镁的叶面肥，1 周喷 2 ~ 3 次。

15. 黄瓜缺硼

(1) 病因：土壤过干、呈碱性或氮、钾肥施用过多易造成缺硼。

(2) 症状：最主要的症状为生长点生长缓慢、节间缩短或停止生长。另外，典型的症状还包括叶缘向上卷曲，部分叶片的叶缘变为褐色，果实表皮粗糙、木质化、有污点。

黄瓜缺硼

低温缺硼花较小

(3) 防治方法：

①土壤缺硼，可预先增施硼肥，并要适时浇水，防止土壤干燥。

②出现缺硼症状后可用 0.12% ~ 0.25% 的硼砂或硼酸水溶液喷洒叶面。

16. 黄瓜日灼病

(1) 病因：光照过强，破坏叶片或果实表皮细胞造成日灼。

(2) 症状：叶片或果实出现灰白色或浅白色、革质状枯斑。

黄瓜日灼病 1   黄瓜日灼病 2

(3) 防治方法：

①合理密植，使叶片互相遮阴，或与高秆作物（如玉米等）间作，避免果实暴露在强光下。

②采用遮阳网覆盖，避免太阳光直射果实。

17. 黄瓜药害

(1) 病因：药剂使用浓度过高或高温时用药引起。

(2) 症状：叶片受害重，大多出现白纸状的斑点或斑块，有时产生黑褐色不规则形斑块。果实受害，出现不规则型凹陷病斑，病斑一般较亮，严重时受害处表皮开裂。

黄瓜瓜条药害 1

黄瓜瓜条药害 2

黄瓜瓜条药害 3

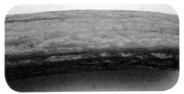

黄瓜瓜条药害 4

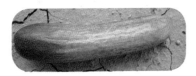

黄瓜瓜条药害 5

黄瓜瓜条药害 6

黄瓜病虫害防治

黄瓜叶片药害 1

黄瓜叶片药害 2

黄瓜叶片药害 3

黄瓜叶片药害 4

黄瓜叶片药害 5

黄瓜叶片药害 6

黄瓜叶片药害 7

黄瓜叶片药害 8

黄瓜叶片药害 9

黄瓜叶片药害 10

(3) 防治方法：

①严格按照农药施用准则用药。

②发生药害后应及时灌水，严重时喷洒赤霉素或芸薹素内酯等生长调节剂缓解药害。

18. 黄瓜亚硝酸气体危害

(1) 病因：土壤中施用化肥或粪肥过多，导致土壤pH降低，土壤变为酸性、盐渍化，因为硝化细菌在酸性环境中受到抑制，会使亚硝酸态的氮不能正常、及时转变为硝酸态的氮，导致土壤中生成大量亚硝酸气体，部分亚硝酸气体从土壤中逸出就会危害植株。

(2) 症状：主要危害叶片，轻者叶缘褪绿黄化，后向叶片中间扩展，病部变为白色至褐色。重者从叶缘

黄瓜亚硝酸气体危害叶片

黄瓜亚硝酸气体危害严重

及叶片中部同时发病，出现大量浅褐色或褐色褪绿斑。确诊病害可用 pH 试纸检测薄膜内表面水滴 pH，结果多在 5.5 以下呈酸性。

(3) 防治方法：

①科学施肥。农家肥应充分腐熟，避免施用速效氮肥过多。

②及时通风换气。经常检测薄膜内侧水滴的 pH，若亚硝酸气体积累应立即通风换气。

③发现亚硝酸气体危害，可适当施用石灰并大量浇水，使其渗入土中，调节土壤到合适的酸碱度。

19. 黄瓜叶片皱缩症

(1) 病因：主要由植株缺硼引起。

(2) 症状：叶片沿叶脉皱缩，叶脉扭曲变形，叶片外卷畸形，有时叶缘褪绿黄化，瓜条发生弯曲，瓜内空腔较大。

(3) 防治方法：喷洒含有硼的叶面肥。

黄瓜叶片皱缩症症状

20. 黄瓜叶烧病

(1)病因：棚内相对湿度低于80%，温度高于40℃时，放风不及时或放风量过小易发生。

(2)症状：植株中上部叶片出现大小不等的白色斑块，有的叶片从叶缘向内发展，有的从叶脉发生，有时斑块连成一片。

黄瓜叶烧病 1

黄瓜叶烧病 2

(3)防治方法：

①加强棚温管理，及时通风。

②采用高温闷棚、防治霜霉病时提前浇足水，以提高植株的耐热力。

③使用遮阳网进行遮阴。

21. 黄瓜叶片老化

(1) 病因：夜温过低，杀菌剂或杀虫剂用量过大或二氧化碳浓度过高等容易造成黄瓜叶片老化。

(2) 症状：黄瓜叶片暗绿色，变硬、变脆。

(3) 防治方法：

①适当提高夜温。

②合理使用杀菌剂或杀虫剂，不要随便加大用量。

③适时通风。

黄瓜叶片老化

三、黄瓜害虫

1. 黄胸蓟马

(1) 学名：*Thrips hawaiiensis* (Morgan)。

(2) 寄主：茄果类、瓜类、豆类及十字花科等蔬菜和水稻、棉花等。

(3) 防治方法：

①农业防治。清除菜田及周围杂草，减少越冬虫口基数，加强田间管理，减轻危害。

黄胸蓟马危害状

②物理防治。利用蓟马对蓝色的趋性，可采取蓝色诱虫板对蓟马进行诱集，效果较好。

③药剂防治。药剂可选用2.5%多杀霉素悬浮剂1 500倍液、10%虫螨腈乳油2 000倍液、5%氟虫腈悬浮剂1 500倍液，或10%吡虫啉可湿性粉剂1 000倍液等喷雾。

2. 二斑叶螨

(1) 学名：*Tetranychus urticae* Koch。

(2) 寄主：菜豆、豇豆、甜(辣)椒、黄瓜、西瓜、菠菜、茄子等。

(3) 防治方法：

①及时清除杂草，摘除老叶、病叶，集中烧毁，减少虫源。

二斑叶螨幼虫及成虫

二斑叶螨危害黄瓜叶片

二斑叶螨危害黄瓜致新
叶发黄卷曲

二斑叶螨危害丝瓜叶片

二斑叶螨危害西瓜叶片

②及时灌水，保持土壤湿度，抑制其繁殖速度。

③药剂防治。可选用下列药剂交替轮换使用：10%阿维·哒螨灵可湿性粉剂 2 000 倍液、1.8% 阿维菌素乳油 3 000 倍液、15% 浏阳霉素乳油 1 500 倍液、5%唑螨酯悬浮剂 2 000 倍液、20% 甲氰菊酯乳油 1 200倍液。

3. 瓜 蚜

(1) 学名：*Aphis gossypii* Glover。

(2) 寄主：瓜类、豆类、茄果类等蔬菜。

(3) 防治方法：

①农业防治。收获后清除田间及四周杂草，集中烧毁或沤肥，深翻地灭茬、晒土，促使病残体分解，

瓜蚜黄色型

瓜蚜黑色型及黄色型

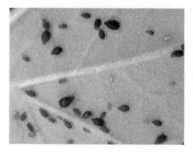

瓜蚜黑色型及绿色型

瓜蚜危害甜瓜叶片

瓜蚜有翅蚜 1

瓜蚜有翅蚜 2

黄板诱蚜

瓜蚜危害西瓜花

减少虫源和虫卵寄生地。

②物理防治。可采用黄板诱杀成虫(黄色塑料板上涂机油)或悬挂银灰色膜条驱避防蚜。

③生物防治。利用瓢虫、草蛉、食蚜蝇、小花蝽、烟蚜茧蜂、菜蚜茧蜂、蚜小蜂、蚜霉菌等天敌可较好控制蚜虫。

④药剂防治。提倡使用 0.65% 茼蒿素水剂 300 ~ 400 倍液。发生严重时可选用下列药剂：3% 啶虫脒乳油 2 000 倍液、10% 吡虫啉可湿性粉剂 1 500 倍液、2.5% 联苯菊酯乳油 3 000 倍液，或 40% 乐果乳油 800 ~ 1 200 倍液。抗蚜威对菜蚜(桃蚜、萝卜蚜、甘蓝蚜)效果好，但对瓜蚜效果较差，不宜使用。

4. 美洲斑潜蝇

(1) 学名： *Liriomyza sativae* (Blanchard)。

(2) 寄主：茄科、葫芦科、十字花科等大多数蔬菜。

美洲斑潜蝇
危害甜瓜

美洲斑潜蝇危害
西瓜叶片症状

(3) 防治方法：

①农业防治。种植前，清除田间及周边杂草。蔬菜收获后，及时将残枝落叶或藤蔓集中焚毁或堆沤。播种和整地时，深翻土壤，将蛹埋入土壤下层（多在 0～3 厘米的土表层中），使其不能羽化。在发生严重地区，应采取斑潜蝇嗜好作物与受害轻的作物或非寄主作物合理套种或轮作；有条件的地区提倡水旱轮作。适当疏植，增加田间通透性。

②物理防治。可在大棚外张挂防虫网或在大棚内每隔 2 米吊 1 片黄板（规格 20 厘米 ×2 厘米）于作物叶片顶端略高 10 厘米处，黄板上涂凡士林和林丹粉的混合物诱杀成虫。

③生物防治。在棚内释放姬小蜂、潜蝇茧蜂等寄生蜂对斑潜蝇有较好的防治效果。

④药剂防治。成虫高峰期后 5 天是幼虫防治关键时期，每亩用 20% 吡虫啉可溶性液剂 3 500 倍液、48% 毒死蜱乳油 1 200 倍液，或 90% 杀虫单乳油 2 000 倍液等喷雾防治。

5. 南美斑潜蝇

(1) 学 名：*Liriomyza huidobrenisis* (Blanchard)。

(2) 寄主：蚕豆、豌豆、油菜、芹菜、马铃薯、菠菜、生菜、黄瓜等。

(3) 防治方法：参见美洲斑潜蝇。

南美斑潜蝇危害胡萝卜

南美斑潜蝇的蛹初期为黄色或白色

南美斑潜蝇的蛹后期变为深褐色

6. 瓜 绢 螟

(1) 学名：*Diaphania indica* (Saunders)。

(2) 寄主：丝瓜、苦瓜、节瓜、黄瓜、甜瓜、冬瓜、西瓜、哈密瓜、番茄、茄子等。

(3) 防治方法：

①农业防治。加强田园的清洁工作，铲除棚室周

瓜绢螟的蛹

瓜绢螟幼虫

瓜绢螟老熟幼虫及粪

瓜绢螟成虫

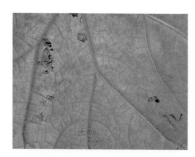

瓜绢螟幼虫及危害黄瓜症状

瓜绢螟严重危害黄瓜时症状

瓜绢螟危害黄瓜正面症状

瓜绢螟危害苦瓜

围的杂草，蔬菜收获后及时将蔬菜残体清理出大棚沤成肥料，降低蛹量和蛹的成活率。瓜类蔬菜最好轮作不连茬。采用防虫网，必要时利用人工捕捉大龄幼虫，降低虫口基数。

②化学防治。在瓜绢螟1～3龄时，喷洒5%氟虫腈悬浮剂1 500倍液、20%氰戊菊酯乳油2 000倍液，或1%阿维菌素乳油2 000倍液等药剂防治。

7. 黄足黑守瓜

(1) 学名：*Aulacophora lewisii* Baly。

(2) 寄主：瓜类、十字花科、茄科、豆科等蔬菜。

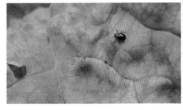

黄足黑守瓜成虫

黄足黑守瓜危害大豆状

(3) 防治方法：

(1) 间作。种植瓜类时可与甘蓝、芹菜、莴苣等作物间作，可大大减轻害虫的危害。

(2) 适时早定植。瓜苗早定植，在越冬成虫盛发期前，4~5片真叶时定植瓜苗，以避开瓜苗受害严重的敏感期，减轻危害。

(3) 减少成虫产卵。在瓜苗附近土面上撒草木灰、锯木屑、烟草末等可减少成虫产卵。

(4) 药剂防治。成虫防治可用90%晶体敌百虫1 000倍液，或40%氰戊菊酯乳油4 000倍液喷洒。幼虫防治，瓜苗定植后至4~5片真叶前选用50%辛硫磷乳油1 000~1 500倍液喷洒。

黄瓜病虫害防治

8. 黄足黄守瓜

学名：*Aulacophora femoralis chinensis* (Weise)。

寄主、防治方法：参见黄足黑守瓜。

黄足黄守瓜成虫

黄足黄守瓜与黄足黑守瓜

9. 灰地种蝇

(1) 学名：*Delia platura*（Meigen）。

(2) 寄主：萝卜、大白菜、甘蓝、豆类及瓜类蔬菜。

(3) 防治方法：

①实行秋翻地。秋季蔬菜收获后及时耕翻土地，破坏一部分越冬蛹，减少虫源。

灰地种蝇成虫

②施充分腐熟的农家肥。施肥时应充分腐熟，并施后覆土，使肥料与种苗隔离，可减少成虫产卵。

③糖醋液诱杀。可按糖∶醋∶水 =10∶10∶25 的比例制成糖醋液诱杀成虫。

④药剂防治。应在成虫产卵盛期及地蛆孵化盛期及时用药，效果较好。可用 50% 辛硫磷乳油 1 000 倍液，或 50% 乐果乳油 1 000 倍液，或 20% 氰戊·马拉松乳油 1 000 倍液，或 10% 氯菊酯乳油 2 000 倍液喷雾。若地蛆已经发生，可用 25% 喹硫磷乳油 1 000 倍液，或 50% 辛硫磷乳油 1 000 倍液，或上述各药灌根。

图书在版编目（CIP）数据

黄瓜病虫害防治 / 李金堂主编 . —济南：山东科学技术出版社，2016

科技惠农一号工程

ISBN 978-7-5331-8100-0

Ⅰ. ①黄… Ⅱ. ①李… Ⅲ. ①黄瓜—病虫害防治 Ⅳ. ① S436.421

中国版本图书馆 CIP 数据核字 (2016) 第 014528 号

科技惠农一号工程

现代农业关键创新技术丛书

黄瓜病虫害防治

李金堂　主编

主管单位： 山东出版传媒股份有限公司

出 版 者： 山东科学技术出版社

地址：济南市玉函路 16 号

邮编：250002　电话：(0531)82098088

网址：www.lkj.com.cn

电子邮件：sdkj@sdpress.com.cn

发 行 者： 山东科学技术出版社

地址：济南市玉函路 16 号

邮编：250002　电话：(0531)82098071

印 刷 者： 山东金坐标印务有限公司

地址：莱芜市赢牟西大街 28 号

邮编：271100　电话：(0634)6276022

开本：889 mm × 1194 mm　1/32

印张：3

版次：2016 年 2 月第 1 版　　2016 年 2 月第 1 次印刷

ISBN 978-7-5331-8100-0

定价：20.00 元